インコのおねだり

はじめに

姿かたちはまるで違う、人とインコ。
ですが、声でコミュニケーションをとったり、
基本的には運命のひとり（1羽）と生涯をともにしたりと、
人とインコには、意外な共通点があるのです。

さてさて、インコはコミュニケーションがとれる、
頭のよい生き物です。
そしてそのかしこさで、
人に対していろいろな「おねだり」をします。
この本では、インコの魅力や特性を、
「インコのおねだり」として紹介していきます。
その数、50。

ちょっぴりわがままな
インコの「おねだり」を聞き終わるころには、
これまで以上にインコを身近に感じられるはずです。

CONTENTS

1章 インコはこんな生き物です

01 みんなと一緒がいいな……008
02 キミさえいれば群れなんて……010
03 明るい時間に遊びたいな……012
04 昔からずーっと人をとりこにしてきたの……014
05 見た目も、色もいろいろだよ……016
06 大きい、小さい、どっちも魅力的……018
07 オスはのほほん？ メスはきりっ？……020
08 生物界随一のイクメンだよ……022
09 飛べるってすばらしい……024
10 寒いのは苦手。あたたかくしてね……026
11 鳥頭なんて失礼しちゃう……028
12 人には見えないものも見えているよ……030
13 体の中のこともちゃんと知ってね……032
14 飛ぶことこそすべて……033
15 器用なのは手先じゃなくて…………034
16 いつだって臨戦モード……035
17 いつもと同じがうれしいな……036
18 だけど退屈は苦手なんだよね……038
インコのいろは……040

2章 こんな気持ちを抱いています

19 ねぇ、聞いて！ お話しよう……046
20 気持ちを知りたいなら目を見てね……048
21 頭を振ったり踊ったり……050
22 理由もなく飛びません……052
23 狭いところに入りたいな……054
24 もう少しだけ様子を見させて、ね？……056
25 新しいオモチャ、ちょうだい！……058
26 細くなることもふくらむことも……059

3章 困らせるつもりはないんだけど

27 臆病って最強なんだから……064
28 キャパはあんまり広くないかも……066
29 忘れないからね…！……067
30 もちろん、子孫を残したい……068
31 あれも、これもみんなスキスキ……070
32 エネルギーありあまり！……072
33 おいしいものちょーだいっ！……074
34 高い場所で、ドヤァ！……076
35 クチバシのパワー、味わってみる？……078
36 あ、なんだか具合が悪いような………079
37 病院？ もちろん行きたくないよ……080
教えて！ インコと心を通わせるための3か条……082

4章 愛しているんです、本当に

38 All You Need Is Love …… 086
39 好きな子は自分で決めさせて …… 088
40 邪魔する者は許さーんっ！ …… 090
41 はい、通りまーす！ …… 091
42 どこに止まっている？ …… 092
43 来て！ 今すぐに!! …… 094
44 不思議なポーズ。見て見て！ …… 096
45 シンクロしよっ …… 097
46 くっつきたい!! …… 098
47 にぎころ～♡ …… 100
48 険悪な雰囲気、引きずらないで …… 101
49 羽づくろい、してね …… 102
50 あふれんばかりの愛をあなたに …… 104

INKO COLUMN
インコのココが好き！ …… 042
インコ飼いさんのうちの子自慢！ …… 060

INKO CHART
もしもインコとクラスメイトだったら？ …… 106

1章

インコはこんな生き物です

魅力やルーツ、
性格、体のしくみなど、
〝生き物としてのインコ〟を解説。
きちんと知ってくださいねって、
インコから18のおねだりです。

01
インコの欲求

みんなと一緒がいいな

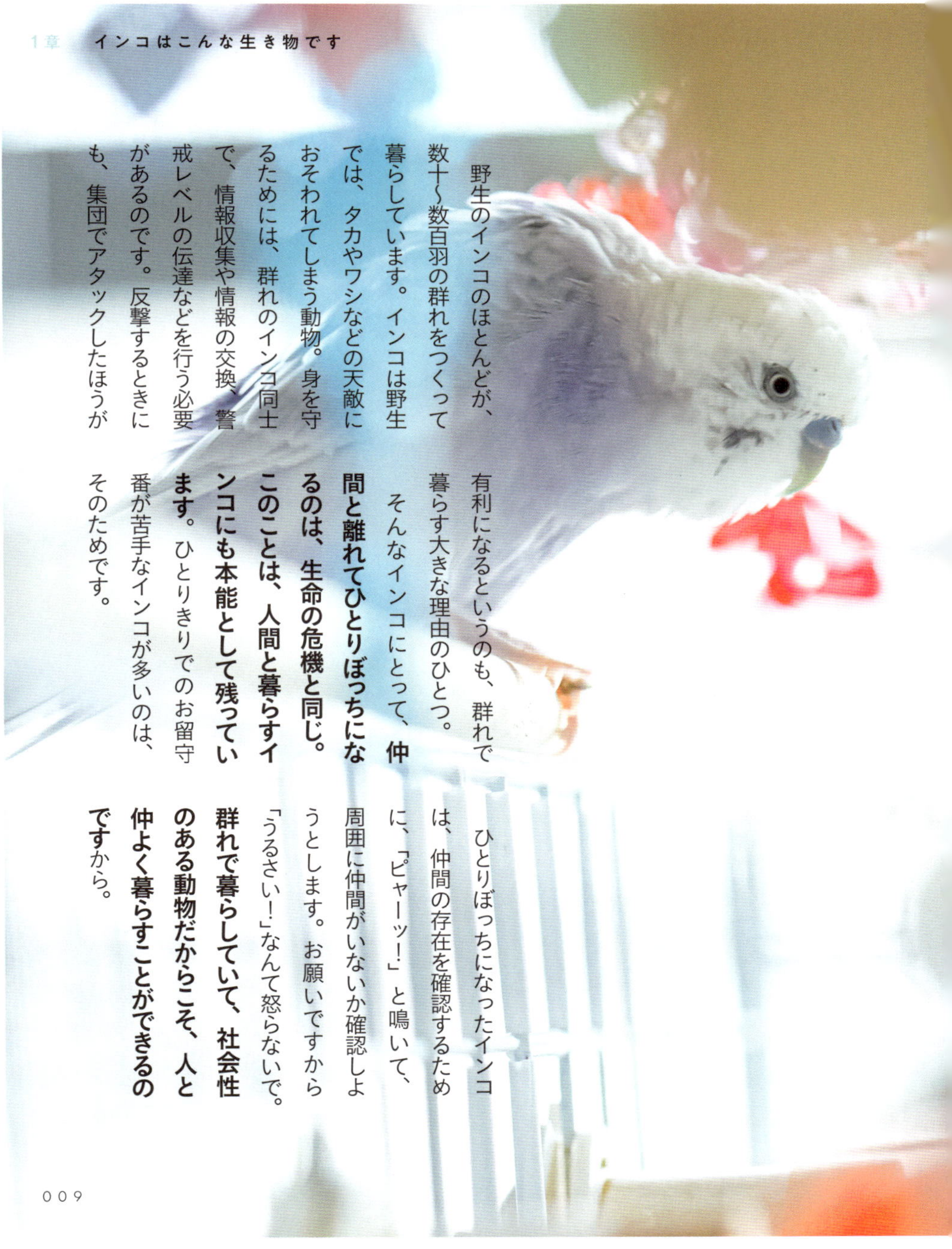

野生のインコのほとんどが、数十〜数百羽の群れをつくって暮らしています。インコは野生では、タカやワシなどの天敵におそわれてしまう動物。身を守るためには、群れのインコ同士で、情報収集や情報の交換、警戒レベルの伝達などを行う必要があるのです。反撃するときにも、集団でアタックしたほうが有利になるというのも、群れで暮らす大きな理由のひとつ。

そんなインコにとって、**仲間と離れてひとりぼっちになるのは、生命の危機と同じ。このことは、人間と暮らすインコにも本能として残っています。**ひとりきりでのお留守番が苦手なインコが多いのは、そのためです。

ひとりぼっちになったインコは、仲間の存在を確認するために、「ピャーッ!」と鳴いて、周囲に仲間がいないか確認しようとします。お願いですから「うるさい!」なんて怒らないで。**群れで暮らしていて、社会性のある動物だからこそ、人と仲よく暮らすことができるのですから。**

02
インコとパートナー

キミさえいれば群れなんて

ほとんどのインコは、**「一夫一婦制」で、パートナーが生きている限りは、ずっと同じ相手と番《つがい》であり続けます。** そして、オスとメスは共同で、抱《ほう》卵《らん》や子育てを行うのです。

そのため、インコには「パートナーを何よりも大切にする」という性質があります。インコの群れは、ペアのインコの集ま

りで、人間でたとえるなら人間の夫婦や家族が暮らす、大きなマンションのようなもの。つまり群れは、安全を守るための手段であって、**大事に思っているのは基本的にはパートナーのインコと、自分の子どもたちだけ。**群れで暮らす社会性をもちながら、意外と個人主義というのが、インコという生き物なのです。

ちなみに、人間と暮らすインコは、ときにインコ以外の生き物をパートナーと認識することがあります。これは、3章で後述しましょう（70ページ）。

03
インコの生態

明るい時間に遊びたいな

インコは昼行《ちゅうこう》性《せい》、つまり昼に行動して、夜は休む生き物です。ごく一部を除き、**インコは日の出とともに活動をはじめ、日没とともに眠りにつきます。**

人間も基本的には昼行性に近いですが、インコのそれは、より厳密です。インコは「日照時間」がそのまま活動時間帯になるため、一日の8～10時間程度を活動時間にあて、それ以外の16～14時間は眠りにつきます。

なお、**日がのびる春～夏は活動時間を増やし、秋～冬は眠っている時間が多くなります。**

ところが、人間と暮らすインコの場合、部屋が明るくていつまでも眠れなかったり、夏には日の出の時間になっても起きられなかったりします。このようなインコの生態にそぐわない生活は、発情過多などインコの体にさまざまな影響をおよぼすことがあります（69ページ）。

04

インコの歴史

昔からずーっと人をとりこにしてきたの

　インコがペットとして人間と暮らしはじめたのは、ごく最近、19世紀のことです。イギリスの博物学者**・ジョン・グールドが、オーストラリアから数羽のインコを持ち帰ったことがきっかけ**で繁殖が行われるようになり、世界中に広まりました。ちなみに、ジョン・グールドが生涯をかけて制作した『鳥類図譜』は、現在でも貴重な資料として保存されています。

　さて、そうして繁殖されたインコが日本に入ってきたのは、1910年代のことです。まず輸入されたのはセキセイインコとオカメインコでした。50年代ごろには一大ブームを築きあげ、その後ほかのインコも輸入され、繁殖がなされて今日に至ります。

　ただし、人間とインコの歴史は、もっとずっと古く、なんと**ローマ時代に、インコに言葉を教えて楽しんでいたという記録があるのです。日本でも、平安時代にはインコが輸入されていたといわれ、清少納言が『枕草子』のなかでオウムをほめる記述をしています。**ちなみに「水戸黄門」として有名な水戸光圀公も、ゴシキセイガイインコを飼っていたのだとか。一般家庭にインコが普及したのはごく最近ですが、その美しさに魅了され、手もとにおいた人は、昔から存在したのです。

05
インコの種類

見た目も、色も いろいろだよ

インコは**生物学的には、「オウム目」というグループに属します。**オウム目は体の特徴や食性により、「インコ科」、「オウム科」、「ヒインコ科」に分かれ、さらにそこから「セキセイインコ属」や「オカメインコ属」と分岐します。この本では便宜上、オウム目に属するすべての鳥を、「インコ」とまとめています。

ちなみに、同じくペットとして人気のイヌは、ほとんどが「ネコ目イヌ科イヌ属」にあたり、そこから品種が分岐します。ところがインコは、種類によって「属」が異なるのです。そのため、一部を除き**ほかの種類との交配はできません。**

インコの生物学的分類

インコ科

ほかの科に属さない大部分のオウム目の鳥を指します。

セキセイインコ
コザクラインコ
ボタンインコ
マメルリハ
ヨウム　など

オウム科

頭部に「冠羽《かんう》」という長い羽毛が生えている鳥が属します。

オカメインコ
モモイロインコ
キバタン
など

ヒインコ科

花の蜜やくだものを主食とする鳥です。

ゴシキセイガイインコ
ベニインコ
など

06
インコの大きさ

大きい、小さい、どっちも魅力的

インコは、種類によって体の大きさがまったく異なります。同じインコ科でも、小柄のマメルリハは体長が約13㎝、体重が約33gなのにくらべ、大型のヨウムは体長が33㎝を超え、体重は400gにもなります。なかには、体重が1㎏を超えるようなインコも！

インコはサイズごとに、小型、中型、大型に分類されます。

本書に登場するインコだと、セキセイインコやコザクラインコなどは小型、オカメインコやシロハラインコは中型、ヨウムやモモイロインコは大型です。

どのインコも、美しさや愛情深さなど、インコとしての魅力は変わりません。もちろん違いはあり、たとえば**知能は大型インコのほうが高い傾向にあります。**また、**大型インコは非常に寿命が長く、なかには100年以上生きる個体もいるほど。**

どのサイズのインコにも違った魅力があるので、自分のライフスタイルに合ったインコを選べるといいですね。

どの
インコも
かわいい♡

07
インコの性別

オスはのほほん？メスはきりっ？

インコは哺乳類と違って、生殖器がわかりづらく、性別をひと目で見分けるのが難しい生き物です。鳥種によって性別を見分けるポイントがあり、たとえばセキセイインコは「ロウ膜《まく》全体の色が均一なのがオス、鼻孔《びこう》のまわりが白っぽいのがメス」、コザクラインコなら「頭が扁平《へんぺい》でクチバシが広いのがメス」などといわれます。しかし、性別を正確に見分けるのは専門家でも難しく、「オスを迎えたつもりで一郎と名づけたのに、成長して卵を生んだ」なんてケースも珍しくありません。

なお、個体差はありますが、**オスとメスでは性格の傾向に違いが見られます。オスは、のんびり、あまえんぼうな子が多いです。**野生下のインコと違い、なわばりと安全が確保されているため、気を張る必要がないからでしょう。**メスは、パートナーのオスを〝選ぶ〟立場だからか、自己主張が強く、ややツンとしている傾向にあります。**

ちなみに、こちらも個体差が大きいのですが、性格は鳥種による違いも大きいです。たとえば、オカメインコのオスは、ヤンチャで一緒に遊ぶのが大好き。コザクラインコのオスは、比較的おだやかですが、独占欲が強く、嫉妬深い子が多いです。

08
インコの
子育て

生物界随一のイクメンだよ

人間をふくむ哺乳類は、基本的にメスが主体となって、妊娠から子育てまでを行います。そもそも、生物学上オスは妊娠できません。

しかし、インコは違います。**インコは、妊娠から子育てまで、すべてのプロセスをオスとメスが共同で行う**のです。

インコのメスは、直接子どもを生むわけではありません。卵を生み、それをあたためて孵化

となります。孵化を出産とするならば、**妊娠期間にあたるのは「抱卵《ほうらん》」になりますが、抱卵は、オスとメスが交替しながら行いますよね。**

そして無事に孵化したあと。哺乳類にとって、子育てに「授乳」は必須で、これは基本的に、メスにしかできません。しかし**インコの場合、授乳は「挿し餌」にあたるため、オスも積極的に行うことができる**のです。

生物界随一のイクメンという意味、おわかりいただけたことと思います。どんなに子煩悩なお父さんにだって、インコは負けませんよ。

09
インコは飛べる

飛べるってすばらしい

ほかの動物とは違う、**インコならではの特徴といえば、なんといっても飛べること**です。インコは飛ぶことに特化した体をもっています。

まず、**大きなつばさ（羽）があるのが最大の特徴**です。つばさを前後にはためかせることで前に進むことができ、自由に飛びまわれるのです。なお、尾《お》羽《ばね》には、着陸する際に落下速度

を調整する役割があります。

それから、スリムに見えますが、じつは**つばさを動かすための大胸筋が非常に発達しています。**大胸筋は、なんと全体重の4分の1をもしめるほど。また、その**立派な大胸筋を支えるための、「竜骨突起《りゅうこつとっき》」という特殊な骨をもっています。**ちなみに、**骨が中空になっているため**、大きさのわりに体がきわめて軽いのも特徴のひとつといえるでしょう。

まだまだ飛ぶための特殊な機能が備わっていますが、それは33ページにて後述します。

10
インコの
保温

寒いのは苦手。
あたたかくしてね

　インコのほとんどが、南米やオーストラリアなどのあたたかい地域に生息しています。そのせいか、インコはどちらかといえば寒さに弱い生き物。**インコにとっての適温は20～25℃といわれ、15℃を下まわると、寒さで体調をくずしてしまいます。背中に顔をうずめて眠っていたり、毛をぼわぼわと広げて丸くなっていたりするようなら、寒いというサインかもしれません。**

　インコが寒さを感じないよう、冬はエアコンなどを使い、室温を上げましょう。なお、直接エアコンの風をインコに当てたり、ストーブなど空気が悪くなる暖房器具の使用はNGです。ケージに取りつける「ヒヨコ電球」や「セラミックヒーター」などがおすすめです。

　なお、昨今の日本の夏はとても暑く、比較的暑さには強いインコにとっても、厳しい環境になります。30℃を超えないよう、温度管理を徹底しましょう。

暑すぎるのも
苦手だよ～

11
インコの頭脳

鳥頭なんて失礼しちゃう

物忘れがはげしいことを、「鳥頭」なんていうことから、一般的にはインコ……というより、鳥全般はあまりかしこくないと思われがちです。それは世界共通の考えのようで、海外でも、「bird brain（鳥の脳みそ）」は、かしこくない人を指す言葉。ですが、インコファンの方ならば、「鳥頭」なんて言葉、鼻で笑ってしまうのではないでしょうか？ **インコはとても頭がいい生き物**だって、ご存知のはずですから。

これは科学的にも実証されており、1990年代に発表された研究で、**インコの脳は想定よりずっと大きく、人間の2歳児並みの知能をもつ**ことがわかっています。また、脳も発達しており、人間でいう「海馬」や「大脳皮質」と似た機能をもつことから、**記憶力が非常にすぐれていることも判明している**のです（67ページ）。

とくに、ヨウムなどの大型インコの知能の高さは特筆に値します。心理学者のペッパーバーグ博士が飼育していたヨウム、「アレックス」は、2歳児の感情と、5歳児並みの知識をもっていたとされています。

人には見えないものも見えているよ

インコの感覚のうち、もっともすぐれているのは「視覚」です。昼行性のインコは、明るい日差しの中を高速で飛びながら、遠くにあるものを識別しなければなりません。そのため、**視力、動体視力ともに非常にすぐれており、人間をはるかに凌駕しています。また、色を見分ける力がとても高く、なんと、「紫外線」の色が見える**といわれるほどです。

視野もとても広いです。鳥には、目が顔の左右についている「防衛型」と、前面についている「攻撃型」がいます。インコは、逃げることに特化した「防衛型」で、正面を向いたままでも**約330度の広い視野**をもつため、敵の接近をいち早く察知することができます。なお、**インコの首は180度まわすことができるので、周囲にほぼ死角がありません。**

そのほかの感覚ですが、聴覚と嗅覚は、人間とほぼ同等か、少し下まわっていると考えられています。味覚は、舌に味覚細胞が少ないため、人間とくらべるとずっとにぶいといえるでしょう。とはいえ、甘いものを好んだり、シードを寄り好みして食べたりするグルメな一面もあります。

13

インコの体の中

体の中のこともちゃんと知ってね

鳥類のインコは、哺乳類の人間とはまったく異なる体をしています。特筆すべきは、「前胃《ぜんい》」「後胃《こうい》」という、2つの胃をもつこと。**インコは歯がないため、エサを丸のみします。食べものはまず前胃に運ばれると、胃液と混ざり、後胃に送られます。**後胃は強力な筋肉に包まれており、ここで食べものがすりつぶされるのです。さらに、後胃に貯えられた鉱物質も、エサを粉砕するのに利用されます。

目には見えない、インコの体の秘密は、まだまだありますよ。

14
インコの体の中

飛ぶことこそすべて

インコの体の〝中〟の秘密をもういくつか。24ページで、「インコの体は飛ぶことに特化している」と述べましたが、この機能について紹介しましょう。

まず、排せつ物を貯えておくと体が重くなって飛びにくくなるため、**インコの大腸はごくごく短く、膀胱もありません。**残留物を体の中に溜めないために、食べる→排せつのスパンが非常に短く、そのためにトイレのしつけが困難なのです。なお、**尿管、肛門、生殖器系すべてはひとつにまとまり、「総排泄《そうはいせつ》腔《こう》」へとつながります。**

また、飛行のために大量の酸素が必要となるため、**「気嚢《きのう》」という空気の貯蔵スペースをもちます。この気嚢の働きで、息を吸ったとき、吐いたときの酸素と二酸化炭素の交換がスピーディーに行われる**のです。ちなみに、気嚢は身体中にあり、これらをポンプ代わりにして、肺に空気を送っています。

15
インコは器用

器用なのは手先じゃなくて…

人間は手先が器用ですが、じつはインコだって、とっても器用に物をつかめます。手ではないパーツで、ですが……。

まずは、足。インコの足をよく見ると、**4本の「趾《あしゆび》」（足ゆび）が、前方と後方に2本ずつあります。** 趾はかなり自由に動くパーツで、片足で物をにぎることができるなど、人間の手さながらの動きをします。

また、クチバシでも器用に物をつかむことができ、「第三の足」なんて呼ばれています。インコが2本の足とクチバシで、器用にケージをのぼっていく姿を見たことがある人も多いのではないでしょうか？

16
インコの体温

いつだって臨戦モード

インコを手のひらで包むと、ほっこりあたたかいですよね。それもそのはず。**インコの平熱は人間より5℃ほど高く、40～41℃もある**のです。

これも、飛ぶためのしくみのひとつ。インコは、何かあったときにすぐに飛び立てるよう、体をつねに「臨戦モード」にしています。食べた物をすぐに燃焼させることで高い体温を保ち、いつ何時も体を動かせる状態にしているというわけです。

17
インコの
平和

いつもと同じが
うれしいな

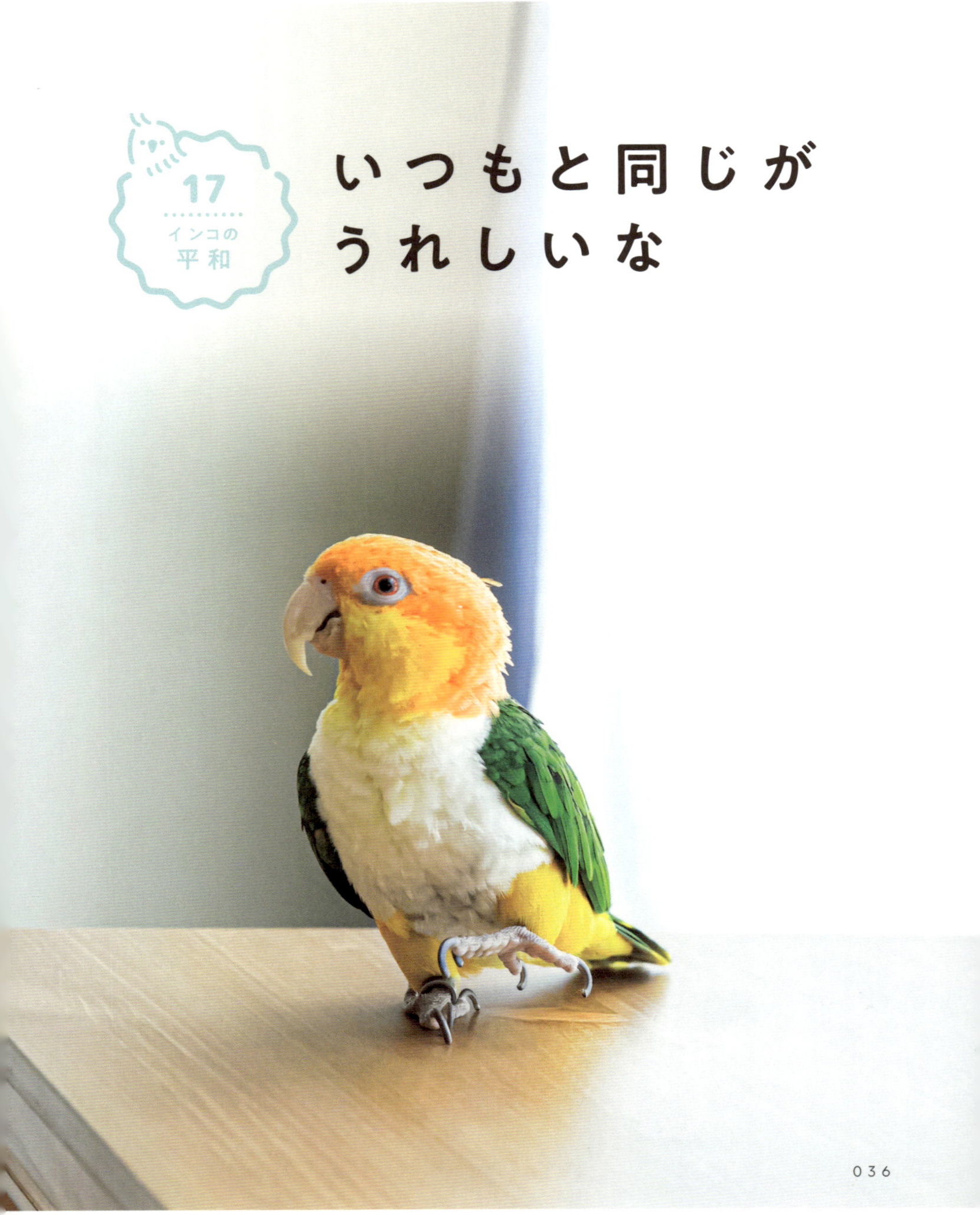

インコは、野生下では敵に捕食される立場の、「被捕食動物」です。こういった、敵にねらわれる立場の生き物に共通するのは、「いつもと同じ」を好むということです。「いつもと同じ」は、「平和に、おだやかに過ごせると約束された日」ということですから。**突然環境が変わるなどのイレギュラーな事態は、命の危険に関わることだってあります。**

春になったら木の実を食べて、エサが豊富な夏・秋を迎え、寒くなる前に、冬に備えて体力を蓄える……。そんな風に、**めぐる季節によってルーティーンをくり返すことが、インコにとっては重要**です。一日の過ごし方にしても、決められたタイミングで起き、採食し、遊んだりコミュニケーションをとったりして、眠る。そんな風につつがなく暮らすことが、何よりの喜びといえるでしょう。

また、インコは自分で「ルーティーン」をつくりたがる一面もあります。たとえば、エサを食べたあと、食器をガシャンガシャンと揺らして飼い主さんを呼んだりとか。それを毎日くり返して、「お約束」にするのが大好きなのです。

18
インコの好奇心

だけど退屈は苦手なんだよね

さて、インコは退屈を好みません。「インコはいつもと同じを好む」といった舌の根も乾かないうちに何を言い出すんだ、と思われるかもしれませんね。

インコは、高い知能をもつ、好奇心おうせいな生き物です。ストレスのない生活は心の安定をもたらしますが、その反面、退屈な日々にもなります。あまりに暇だと、新たな刺激を求めて、目に見えるものをオモ

チャにしたり、金網をガシガシかじって音を立てたりしはじめます。それでも好奇心が満たされない場合は、大声をあげたり、自分の羽をむしったりすることもあるのです。

つまり、**平和な日常を保ちながら、インコに新しい「刺激」を与えることが大切**なのです。ストレスというと、どうしても悪い印象に思われがちですが、「よいストレス」もあります。たとえば、ケージに新しいオモチャを入れるとか、新しい遊び方を提案するとか……。「何ごと!?　でも、気になる」とインコに刺激を与えることが、退屈させないコツなのです。

インコのいろは

インコの体のことや、種類の特徴を解説します。

羽毛

体全体を羽毛でおおわれており、体重の10%を占めます。羽毛は、皮膚に近いところに生えている保温用の綿羽《めんう》（ダウン）と、体の表面をおおう水を弾くための正羽《せいう》（フェザー）の2種類があります。

冠羽

インコの中でも、オカメインコやモモイロインコ、キバタンなどの「オウム科」に見られます。感情によって、ぴょこぴょこ動きます。

風切羽

正羽（フェザー）の一種で、飛ぶための主翼の役割をもちます。

足

趾《あしゆび》が前方に2本、後方に2本ある「対趾足《たいしそく》」です。器用に物をつかめるのは、この構造のおかげ。ちなみに、常時二足歩行をする生き物は、鳥と人間だけです。

鼻

インコの鼻にはふたつのパターンがあります。ひとつは、ロウ膜《まく》（鼻孔）をもち、鼻が外に露出しているパターンで、セキセイインコやオカメインコに見られます。もうひとつは、コザクラインコのように、鼻孔が羽毛にかくれているパターンです。

耳

羽毛に隠れていて見えづらいですが、目のななめ下あたりに耳があります。羽毛をかき分けると小さな穴があいているのがわかるはず。

目

顔の両サイドに目がついている、防衛型（30ページ）です。

クチバシ

上クチバシは先端がキュッと下向きに曲がっているのが特徴です。「第三の足」と呼ばれるほど器用です。

この本に登場するインコ

マメルリハ

小型。南米原産です。とても小柄ですが、やんちゃで声が大きく、エネルギーがありあまっています。クチバシの力が強め。

ボタンインコ

小型。アフリカ南部が原産です。目のまわりの白いアイリングがチャームポイント。ラブバードですが、クールな一面もあります。

コザクラインコ

小型。アフリカ南西部が原産。上品な外見が魅力です。「ラブバード」の一種で、パートナーと決めた相手に深い愛をそそぎます。

セキセイインコ

小型。オーストラリア南部の乾燥地帯が原産。よくなつきますが、気分屋な一面もあります。カラフルな色彩が人気の秘密です。

モモイロインコ

大型。オーストラリア原産です。名前通りのピンク色の羽毛が特徴です。気を許した相手とは密なスキンシップを好みます。

ヨウム

大型。アフリカ原産。おしゃべりの上手さで右に出るものはおらず、状況に合わせた言葉で会話ができるほどかしこい個体もいます。

シロハラインコ

中型。ブラジル原産です。アクティブでとても人なつっこく、「犬のようだ」と称されるほどベタベタとあまえる個体もいます。

オカメインコ

中型。オーストラリア原産の「オカメ目」のインコ。はなやかな冠羽が特徴的な鳥種で、温和でおとなしい性格をしています。

INKO COLUMN

インコのココが好き!

インコ好きが考えがちなことや
インコについて思う
12の「あるある」を大発表します。

01 インコ臭を嗅いだことがない人は、人生損していると思う

個体によって違うといわれる「インコ臭」。天日干ししたお布団のにおい、フルーティーなにおいなど、人によってさまざまな言葉で表現されます。何にせよ、羽毛とともにただようインコ臭のとりこになる人が続出!

02 まるっこいお尻にキュン♡

全体的にシュッとしたフォルムのインコですが、お尻はぽてっとまるっこいんですよね♡ ときおり見せてくれる無防備なお尻に胸がときめきます。

03 一生懸命さがたまらない!

何かを伝えようと、「ピチュピチュ」と必死におしゃべりする姿が健気で、あまりのかわいらしさに涙が出てくることも! あの手この手で気を引いたり、インコって本当にがんばり屋さんですよね。

04 肩についたフンであの顔を思い出す…

外出先で、ふと気がつくとシャツに愛鳥のフンが……。「いつの間に? あのときかなぁ」って、インコを思い浮かべてにまにま。インコのフンって、不思議と汚いとは思わないんですよね〜。

ぼく
みたいに
お上品にね！

05 そんなこと、言ったっけ？

「ドッコイショー！」「バカヤロー！」など、インコの口からおどろきの言葉が飛び出すこと、ありますよね。「わたし、そんなこと言ったことない！」って言い訳したくなっちゃいますが、残念ながらインコはあなたのマネをしています。

06 水浴び、からのぼっさぼさ！

水浴び（72ページ）のあと、毛羽立ってぼさぼさになっているインコを見ると、なんだか笑ってしまいます。しかも、水浴び後のインコってなんとも言えないにおいがするんですよね（笑）。

07 一方通行の愛。なんて健気なの

こっち
見てぇ～

インコは番《つがい》を決める生き物といいますが、相思相愛になるとは限りません。インコAはママ（人間）が好き、インコBはインコAが好き……など、三角関係になることも少なくないのです。それでも健気に後を追う姿、たまりません！

理不尽だけどそれもいい 08

自分でおやつを落としたのに、「ねぇ、ちょっと！」って怒ったり、ほかのインコに負けちゃって、「こんにゃろっ」って人に怒りをぶつけたり。八つ当たりは理不尽すぎるけど、笑って許しちゃいますよね。

ぷんすか！

09 抜けた羽、捨てがたい

インコから抜けた羽が落ちていると、ついつい拾って保存容器にIN。インコの羽ってきれいだから、何かに使えそうって思ったり。

10 ささくれを狙われる。ほくろも

手に止まったインコが、何かを執拗に引っぱっていると思えば、ささくれ。結構痛いけど振り払えないし、地味に辛いですよね。あとはほくろをねらって突いてくることも。何が気になるの……?

11 正面顔ってちょっとおもしろい

インコの顔を正面から見ると、しもぶくれだったり、目がほとんど見えなかったりして、横から見たときの美しさとはまた違った印象に見えますよね。

12 すごいパワー!

与えたオモチャを一瞬で破壊してしまうインコ。好奇心おうせいでパワーがありあまっているのでしょう。オモチャの出費は痛いけど、楽しんでくれているならよし!

2章

こんな気持ちを抱いています

インコが見せる、不思議な行動。
その行動のひとつひとつに、
インコの気持ちが
隠れているんです。
行動をひもときながら、
8のおねだりを見ていきましょう。

19
インコとおしゃべり

ねぇ、聞いて！お話しよう

インコ同士は、「さえずり」によってコミュニケーションをとります。つまり、人間と同じように、会話でコミュニケーションがとれる生き物なんです。

とはいえ、インコは人間のような声帯をもっているわけではありません。気管支の内側の「鳴管《めいかん》」と呼ばれる部分の形を変化させることによって声を出しており、実際には「しゃべっている」というより、「口笛でコミュニケーションをとる」というほうが正しい表現です。

それでも、巧みに言葉を紡ぐインコがいますね。口笛を吹くほうがずっと楽なのに、なぜでしょうか？

これは、飼い主である人のことが好きで、コミュニケーションをとりたいから。インコは人間をよく観察していて、**人間が言葉でコミュニケーションをとっているのがわかると、自分も同じ方法で会話をするべく、お話をしようとする**のです。ですから、インコが一生懸命話しかけてくれているときは、極力話を聞いて、言葉を返してくださいね。

20

インコの表情

気持ちを知りたいなら目を見てね

体のつくりが飛ぶことに特化しているインコは、表情筋があまり発達していません。それでも、ここを見れば気持ちがわかる、というパーツがあります。それが〝目〟です。

もっとも**頻繁に見られる表情の変化は、目を三角形にするもの。**機嫌が悪いとき、何かに怖がっているとき、「寄るな！」と威嚇しているとき……。インコの乏しい表情筋だと、すべてが同じ表情になるのです。

とにかく、**「NO！」という感情を表していると考えればよい**でしょう。

また、目を見開いているのは、驚いているときに見られる生理的な反応です。瞳孔がキュッと縮むのは興奮しているときで、瞳孔が閉じたり開いたりするのは好奇心がうずうずしているときだといえます。

なお、インコの目は、顔の左右についている「防衛型」です（30ページ）。そのため、視界が横に広く、片目で見たほうがより細部まで見られる構造をしています。つまり**インコが片目で何かを見ているときは、対象をじっくり観察したいとき。**決して嫌がってそっぽを向いているわけではありませんよ。

21
インコの表現

頭を振ったり踊ったり

インコの気持ちを知るうえで、目以外にじっくり観察してほしいところ、それは全身です。

インコは表情筋こそ乏しいですが、基本的に感情表現はわかりやすく、**全身をフルに使って自分の気持ちを伝えようとします。何かに期待しているときには羽を広げてワキワキしたり、楽しくてじっとしていられなくなったら、上下にブンブン揺れてみたり、踊ったり……**。ハッピーな気持ちを全身で表現している様子は、たまらなく愛おしいものですね。

ただし、マイナスの感情もまた、全身を使って表現します。たとえば、**体を左右に大きく揺らしているのは、怒りを覚えているとき。** 体を大きく見せて、相手に威圧感を与えています。また、顔を大きくふくらませるのも、怒っているときです。これらの表現が見られたら、そっとしておきましょう。

22
インコは飛ばない？

理由もなく飛びません

インコは飛ぶことに特化した体のつくりをしている……と散々お伝えしておいてなんですが、インコはむやみやたらと飛ぶ生き物ではありません。飛行には**大量のエネルギーを使いますから、延々飛んでいては、体力を失うばかり**です。

インコにとっては飛ぶことよりも、エサを食べたり、大好きなパートナーや仲間とコミュニケーションをとるほうが、ずっ

と重要なことです。ただし例外はあって、飛ぶことを覚えたばかりの若鳥は、自由に飛びまわる楽しさに夢中になって、意味もなく飛び続けることがあります。それも、年齢とともに少しずつ落ちつくはず。

とことこ歩いていることが多いからって、決して面倒くさがりというわけではありません。**インコが飛ぶのは、逃げたいときや、行きたい場所があるとき**です。歩く姿ばかり見るというインコは、体力の使いどころがわかっているかしこいインコだと思ってくださいね！

狭いところに入りたいな

容器の中や、物のすき間、冷蔵庫と棚の間、カーテンの裏側、ティッシュ箱の中……。インコは、とにかく狭いところにどんどん入っていこうとします。**野生のインコは、つねに敵から身を隠せる場所を探しているもの。狭い場所、そして暗い場所は、敵に見つかりづらい格好の隠れ場所になるため、本能的に落ちつくのでしょう。**

さらに、インコはとても好奇心がおうせいですから、そういった場所を見つけると「何かあるかも？　入ってみよう！」と顔を突っこみたくなるのかもしれません。危険な場所に入ろうとしていないのなら、インコの探検をあたたかく見守ってあげてくださいね。

ただ、ひとつ注意しなければならないシチュエーションがあります。狭い場所に入ってそのまましばらく出てこず、落ちついてしまっている場合です。インコがその場所を「巣」にしている可能性が高く、そうなると発情を招く原因となります（69ページ）。過度な発情は、インコの体に悪影響を及ぼすので、巣になっている場所をふさぐか、撤去しましょう。

24
インコの観察

もう少しだけ様子を見させて、ね？

インコは捕食される立場の生き物ですから、基本的には臆病で怖がりです。反面、何度かくり返しているように好奇心おうせいでもあります。

インコが、新しいもの、初対面の人に遭遇したとき、隠れながらのぞき見るような、ふしぎな行動をとることがあります。これは、「あれ、なんだろう？怖いけど……気になる」という、**怖さと好奇心が半々の状況。**本気で逃げ出したいわけではありません。そもそも、**インコが対象と距離をとりたいなら、飛んで逃げればいいのですから、本気では怖がっていないことがわかりますね。**物かげから観察して、興味の対象に危険がないと判断すれば、とことこと近づいていくはずですよ。

インコが物かげから何かを見つめているとき、一緒にいる飼い主はどのような行動をとればよいでしょう？正解は、「どっしり構える」です。信頼している飼い主が「何も危険はないよ」ということを態度で伝えれば、インコも安心できますよ。

25
インコとオモチャ

新しいオモチャ、ちょうだい！

インコは好奇心がおうせいで、つねに周囲を観察し、〝遊べるもの〟を探しています。**安全性が高く、オモチャにできそうなものを見かけたら、積極的にインコに与えみて。**好奇心が満たされ、喜んでくれるはず。

インコは「暇」が苦手なので、遊び相手が見当たらないと、自分の体をオモチャにして、変なポーズでぶら下がったり、自分の毛を自ら抜いてしまったりすることがあります（毛引き症）。

26
インコの
細さ・太さ

細くなることも ふくらむことも

インコが、いつもの半分くらいの細さになるのは、**緊張していたり、怖がっていたりするときに見られる反応。**人間が恐怖や驚きに身をすくませるのと同じ意味合いの行動です。

反対に、**全身が大きくふくらむのは、自分を大きく見せて、相手を威嚇したいとき**です。ただし、眠るときや、寒いときなども体をむくむくと丸くするので、状況を見て気持ちを判断してみてくださいね。

リララちゃん&リルルちゃん

INKO COLUMN

インコ飼いさんの うちの子自慢！

なぜ、インコと暮らすの?
インコの魅力って一体……!?
インコ飼いさんに、愛情たっぷりに
お答えいただきました♪

ゆらセンパイ&ぽぃちゃん

ラムネちゃん&デューちゃん

3 「大きな声が響いていないかな?」「寒い時期、温度は大丈夫かな?」「病気やケガはないかな?」……など、一緒に暮らしているととっても慎重になります。でも！ とにかく、その“顔”に、“しぐさ”に、“歌声に”、いやされる！ だから、インコが大好きですって声を大にして言えます！ いつまでも、守ってあげたいと思います。

ryoichisakaiさん

2 マイペースでツンデレなリララと、寂しがり屋であまえんぼうのリルル。お留守番が大の苦手で、数時間しか家を空けられないのが少し大変です。男の子同士だけど仲よしなふたりは、寄りそって眠ったり、ときには小競り合いをしたりしています。愛らしくおもしろい仕草や表情で、いつも家族を和ませいやしてくれる大切な存在です。

akipoohさん

1 ラムネはあまえんぼうでやや神経質。デューは天真らんまん。飼い主にあまえたいラムネと、インコ同士で遊びたいデュー。思いがかみ合わなくてけんかをすることもありますが（笑）、遊んだあとは飼い主の手の中で眠ったり髪にもぐったり。小さな体で愛情をいっぱい表現してくれる2羽を見るのが、日々の幸せです♡

SAORIさん

アリちゃん、ピリちゃん、リクちゃん
7

5
トローチちゃん

7／ほかの動物にはないカラフルさがインコの魅力です。羽根を閉じたり開いたり、ひっくり返ったりするたびに色々な輝きを見せるその身体は、エネルギーのかたまり！ 見ているだけで元気になれます。社交性があるから、子どもと仲よくできるのもすばらしい♡ **のまどさん**

6／ちょっぴりドジであまえんぼうなステラくん。飼い主が帰ってくると「出して〜」からのほっぺカキカキタイム。歌をうたうと、安心してそのまま眠ってしまいます。その様子が愛おしくて、毎日いやされています。これからもステラとの毎日を楽しみたいです。**ステラママさん。**

5／ペットショップでひとめぼれ。鳥さんはわたしたちをよく観察していて、愛情をきちんと受け取り、応えてくれるとてもかしこい生き物。いつもおうちで待っていてくれるトローチと、「ただいま！」『ピピピ！』とあいさつするのが日課。家に帰るのが毎日楽しみなんです。 **maiさん**

4／おしゃべりと踊りが大好きなイクラと、利発でスポーツ万能なタラ。どちらも個性豊かで好奇心おうせいなので、お世話が大変になることも。でも、ふたりがふと見せるほほえみが元気の源です。撮影時にはカメラ目線のプロ根性を発揮します！
Yukariさん

10／オカメのマルが陽気に歌うと、ヨウムの福が対抗意識を燃やすのか、めちゃくちゃな口笛モノマネをはじめたりして、わが家はつねにぎわっています。まわりからは人なつっこそうなオカメとクールそうなヨウム……という印象ですが、飼い主には全く逆で、ツンなオカメとデレなヨウムに。それぞれのギャップがかわいくて、おもしろいです。 **kanmiQさん**

9／とにかくヨウムのおしゃべりがおもしろいです！ 家電の音は、本物とまちがえるほど得意で、「おはよう」などのあいさつは家族の声色を覚えていて、家族どうしの会話を1羽で演じてしまいます！ 本当にかしこいなぁ、と毎日実感しています。また、帰宅した時に、玄関を開けた音だけで先に「お帰り〜」と言ってくれるのがうれしいです。**ミスティさん**

8／長男坊の珊瑚と、次男坊の紬。表情豊かなコザクラインコに夢中です。毎朝仕事に出かけるときは100%の力で文句を言い、夜家に帰ると100%の力であまえてくれる姿がなんとも愛おしい！ 寄り道をしたり、山登りのために数日家を空けたりすることがすっかり減りました。いまやわたしの生活の中心です。

borikoさん

3章

困らせるつもりはないんだけど

すべてがかわいいインコだけど、
困惑するような行動を
とることも……。
でも、困らせるつもりは
決してないんです。
わかってくださいって、
11のおねだり。

27
インコは臆病

臆病って最強なんだから

臆病者のことを、海外では「チキン」ということがありますね。別に、それに対して憤慨しているわけではありません。何度もお伝えしているように、インコがとても臆病な生き物というのは事実ですから。

しかし、臆病は決して悪いことではありません。野生のインコのまわりには、インコを捕食するタカなどの肉食動物がたくさんいます。大らか……というと聞こえはいいですが、野生下では、気を抜いているとあっという間におそわれてしまいます。**天敵から身を守るために何よりも大事なのは、つねにまわりを警戒して、あやしいものには近づかない。**世間では**「臆病」といわれるような行動をとることこそが、自分の身を守る最高のよろい**になるのですから。

お客さんが来たときにケージや家具のすき間から出てこないような子は、野生下では捕食動物にすきを見せない最強のインコかもしれませんよ！　反対に、お客さんの前でも目を閉じて寝てしまうようなインコは、野生ではとてもとても生きていけません。ですが、「この家は絶対に安全」と認識してくれている証拠だともいえますね。

28 インコのパニック

キャパはあんまり広くないかも

臆病なインコの中でも、環境の変化や突然鳴る音が特別に苦手なインコがいます。代表的なのが、日本でもペットとして大人気の「オカメインコ」です。

オカメインコの中には、聞き慣れない物音を聞いたり、怖い夢を見たり、地震が起きたりすると、パニックになって大騒ぎする子がいます（オカメパニック）。パニック状態になると、訳もわからず暴れて、どこかにぶつかったり、羽を傷つけてしまうことも……。個体差があり、パニックを起こさない子もいますが、オカメインコと接するときは、少し注意してあげましょう。

29
インコの記憶力

忘れないからね……！

インコは記憶力がすぐれていて、**うれしい記憶から恐怖の思い出まで、あらゆることを覚えています。**おしゃべりするインコの場合、数年前に覚えた言葉をふと口にすることも。人間が思っている以上に、インコは昔のことを覚えていますよ。

なお、**インコが嫌がることをしてしまったとき、信頼関係を築けていればすぐに許してもらえますが、そうでない場合は許しを受けるのは至難の業です……。**

30
インコの繁殖

もちろん、子孫を残したい

さて、少々まじめなお話を。インコもほかの生き物と同じく、自分の子孫を残すことを最重要視しています。インコの繁殖周期は、①求愛・巣作り・交尾を行う「発情期」、②卵をあたためる「抱卵期《ほうらんき》」、③ヒナを育てる「育雛期《いくすうき》」と、④「非発情期」の4つに分かれており、野生のインコは基本的にこのサイクルを、一年にだいたい1回のペースでくり返します。

ところが、**飼育下のインコの場合、「過発情」といって、通常ではありえないペースで発情を起こすケースが少なくありません。**なかには、一か月おきに発情を起こす子も……。

そもそも発情するのは、左下図のさまざまな欲求が満たされてから。本来、野生下では、栄養が豊富なあたたかい季節にしか発情しません。しかし、飼育下のインコは、自然とこの欲求すべてが満たされてしまいます。そのため、どうしても過発情を招きやすいのです。

過発情は、デメリットだらけ。

オスの場合、攻撃的になったり、吐き戻しのしすぎで口内炎を起こしたりします。メスの場合はもっと深刻で、毛引き症になったり、過剰な産卵が代謝障害や臓器の機能障害を起こすことも。また、卵管で卵塞《らんそく》（卵詰《たまご》まり）を起こし、命に関わることもあります。**過度な発情は、きちんと抑制することが大切なのです。**

インコが発情する条件

飼育下では、自然と生理的欲求、安全欲求、優越欲求が満たされるため、繁殖欲求がすぐに高まってしまいます。

31
インコの発情

あれも、これもみんなスキスキ

インコが繁殖をするには、相手がいなければなりません。なら、番《つがい》になるインコがいなければいいのでは……？　というと、それは違うというのはインコ好きの方ならご存知ですよね。

インコは本当に、何に対してでも発情します。同種のインコに発情することもあれば、種を飛びこえて、人間である飼い主に対して発情することも。そのほか、鏡に映った自分や、ぶら下がっているオモチャなどの無機物にまで発情することがあります。完全に発情対象を取り除くのは、現実的に考えると不可能といえるでしょう。

インコは発情すると、さまざまな方法で愛を伝えようとします。自分の口から相手の口もとへエサを渡す「吐き戻し」が代表的で、相手への最たる愛情表現です。また、自分のお尻を相手にこすりつけたり、メスはお尻を上げる交尾の姿勢をとったりします。メスの場合、体の中で卵を生む準備がはじまり、無性卵ではありますが、実際に卵を生んでしまうことも。

愛情表現を拒否するのは心苦しいですが、インコの健康のためです。インコが発情に伴う行動を起こしたら、サッと切り上げてケージに入れるなどし、**性的な刺激を与えないようにしましょう。**

32

インコの発散

エネルギーありあまり！

野生のインコは、一日に数十キロもの距離を飛びまわります。飼育下のインコはというと、慢性的に運動不足になりがちで、また暇をもてあましがちです。そうなっては、エネルギーを発散すべく大声で叫んでみたり、飼い主を困らせるような行動をとったりするのも無理はありません。過発情を起こすのも、暇な時間が長すぎるせいで、子孫を残すことばかり考えてしまうことが大きな原因です。そこで、インコのありあまるエネルギーを発散できるよう、飼い主がサポートすることが大切になります。

おすすめは、**水浴びをさせること。運動量も多く、また水浴びが好きなインコにとっては、楽しみなイベントになるでしょう。**水浴びをしない子には、遠くから霧吹きで水をかける方法でもOKですよ。

また、あえてインコが嫌いなオモチャなどを近づけて、攻撃させるのも手。インコにとって敵がいない生活は、快適な反面、つまらなくもあります。敵と戦うことは、このうえないエネルギーの発散方法となるでしょう。

ただし、興奮させすぎると、ほかのものに対しても攻撃的になります。ほどほどでとどめてくださいね。

33
インコの食事

おいしいもの ちょーだいっ!

インコの舌には味を感じる「味《み》らい」がほとんどなく、代わりに口の奥やのどに味覚細胞が存在しています。「味らい」が少ない=味覚が乏しいと思われがちですが、30ページでもお伝えした通り、インコは意外とグルメな一面があります。

インコと接したことがある人なら、インコが甘いものを好んだり、ペレットのメーカーを変えると食べなくなったり、野菜の茎をきれいに残したり……というシーンを経験したことがあるのではないでしょうか?

ちなみに、インコはクチバシが器用(34ページ)ですが、舌もまた器用で、自由に動きます。**エサを食べるときにのどまで運んだり、穀物種子の殻だけをクチバシの先へ送ったり。**おいしいものをあげようとしたとき、「あーん」をするインコの舌が、こちらに向かって伸びているはず。人間のように肉厚な舌を、ぜひ観察してみましょう。

34
インコと高さ

高い場所で、ドヤァ！

野生下において、インコの天敵であるタカ、ワシなどの猛禽類は、上空からねらいを定め、急降下して攻撃をしかけてきます。そのため、今いる空間の中で**できるだけ高いところにいるほうが、敵にねらわれる可能性が低く**、落ちつけるのです。その名残で、インコはできるだけ高い場所にいようとします。とくに、知らない人が家に来たときや、見知らぬものを見かけたときは、その傾向が顕著になります。

ただ、高いところにいるインコには「落ちつく」以外の感情も芽生えているようで……。群れの中で、安全性が高い場所は、序列が上の個体に譲られます。それが転じて、インコは**「高い場所にいるほうが偉い」という認識になっているのです**。もし、インコがつねに高い場所にいるようなら、あなたのこと、見下しているのかもしれません。このままだと、わがままインコまっしぐらかも……？　定位置になっている高い場所に入っていけないよう、物でふさいでしまったほうがよさそうです。

35
インコの攻撃

クチバシのパワー、味わってみる？

インコのするどくとがったクチバシは、強力な武器になります。インコはそのクチバシで、**あやしいものを見かけるとつついて牽制します。**それでも相手が近づいてくるのなら、**思いきり咬みついて、「来るんじゃない!」という意思表示をする**のです。

咬みグセがつかないよう、咬まれてもリアクションせず、「咬んでもメリットはないよ」と教えこみましょう。

36
インコとウソ

あ、なんだか具合が悪いような…

じつはインコも、ウソをつくことがあります。たとえば、「エサを食べないでいたら、『体調が悪いの？』っておいしいものをもらえた」とか、「オモチャに絡まったふりをしていたら、飼い主さんが近づいてきてくれた」とか、**ウソをつくことにメリットを感じると、インコはしれっと仮病を使うこと**があるんです。

ただ、仮病ではなく本当に危機にひんしていることもあるので……。「またウソかな？」と思っても、念のためウソか本当かの確認はしてくださいね。

37
インコと病院

病院？もちろん行きたくないよ

動物病院が大好き〜！　というインコは、ごく少数でしょう。動物病院に行くと、拘束されるし、動けないなかでベタベタさわられるし、注射を刺されるし。**スキンシップ好きのインコも、〝拘束される〟のは大の苦手。野生では、「つかまる＝死」ですから、それも当然**ですね。

だからといって、動物病院に行かなければならない状況では、無理にでも連れていかざるをえないのですが……。

なお、**体調が悪いときは、基本的に「保温」が第一。**動物病院に行く際は、プラケージを専用のヒーターなどであたためて連れていきましょう。

気をつけたいインコの病気

そ嚢炎《のうえん》

インコには、食べたものを溜めておく「そ嚢」という器官があります。消化能力をもたないため、中で細菌や原虫が繁殖しやすい器官です。そ嚢が炎症を起こす病気で、生あくびや嘔吐などが見られます。

鼻炎

鼻風邪のことで、寒暖差がおもな原因です。クシャミや鼻水、羽をふくらましてじっとしているなどの症状が見られます。動物病院で投薬治療を行うことがほとんどです。

クラミジア感染症

別名「オウム病」と呼ばれ、クラミドフィラ・シッタンという微生物が原因の病気です。クシャミ、鼻水、呼吸困難のほか、下痢などを招くことも。抗生物質で治療します。

毛引き症

毛を抜いてしまう病気ですが、原因はいろいろで、ストレスや内科の疾患、腸内に原虫がいるなど、思わぬ要因が隠れていることもあります。自己判断せず、動物病院を受診しましょう。

卵塞《らんそく》（卵詰《たまごづ》まり）

メス特有の症状です。過剰な発情によって体内のカルシウムが不足すると、卵がやわらかくなって詰まってしまうことが。食欲不振や腹部〜お尻のふくらみが見られます。すぐに病院に行かないと、排せつができず、命に関わります。

教えて！

インコと心を通わせるための3か条

インコの気持ちを理解し、もっと絆を深めるための3つのコツを紹介します。

【その1】全身を観察して気持ちを読みとろう

インコはコミュニケーションを大事にする生き物

インコは群れで行動する生き物です。円滑な関係を築くために、仲間とコミュニケーションをとることは必要不可欠です。

人間と暮らしているインコもまた、「仲間」である飼い主に、自分の気持ちを伝えようと努力しています。1～4を観察して、インコの気持ちを読み解きましょう。そして、受けとったら、「伝わったよ」ときちんと返事をしてくださいね。

返事がないと
伝わっていないかなって
不安になっちゃうよ～

気持ちを知るための4ポイント

1 鳴き声を聞く

鳥の鳴き声は、大きく3つに分けることができます。「地鳴き」は仲間の存在や位置を確認するためのもの。ひとり言に近い鳴き方です。「さえずり」は求愛やなわばりをしめすもの。「警戒鳴き」は威嚇や不快感を表す鳴き方で、もっとも声が大きくなります。

2 姿勢を観察する

インコの基本姿勢は、2本足で止まり木につかまって、羽を体にそわせるような状態です。体が大きく広がるのは、自分を大きく見せて、相手にアピールしたり、威嚇したりしたいとき。反対にヒュッと縮こまるのは、恐怖を感じているときです。

3 表情を読む

インコは飛ぶことに特化した体をもつため、表情筋は発達していません。しかし、インコ自体は感情が豊かな生き物なので、ポジティブな感情か、ネガティブな感情なのかは、顔を見ればわかるはず。表情と姿勢、両方から読みとることが大切です。

4 行動の意味を探る

大声で鳴いたり、毛引きをしたり、人を咬んだり……。インコの激しい行動には、なんらかの感情や意図がふくまれているはず。原因を読み解いて、人のほうで改善できることがあれば、改めてみて。お互いが納得のいく解決策を探ってみましょう。

【その2】お互いが無理なく暮らせるように

インコに覚えてもらいたい指示

「いけない！」

インコがやってほしくない行動をとろうとしたときに、それを制止するための指示です。名前を呼ばず、鋭く短く、「いけない!」と発しましょう。

「乗って」

止まり木から人の手、右手から左手など、手に乗ってもらうための指示です。上手にできたらごほうびをあげましょう。

「いいよ」

インコがしようとしている行動が「正しい」と伝える指示です。一緒にごほうびを与えると、「これをするとほめてもらえる」とインコが覚えてくれます。

「降りて」

手に乗っている状態から、止まり木や床などに降りてもらうための指示です。人の指示で降りることを覚えてもらいましょう。

インコと人のちょうどいい関係を築く

インコは大好きな相手とつねに一緒にいられる関係を望みます。しかし、人にも都合があり、すべてをインコの望むままにすることはできません。どちらかが無理をしている関係は、いつかこじれてしまうものです。

お互いが快適に暮らせるように、「ちょうどよい」関係を築きましょう。そのために必要なのが、「しつけ」です。しつけることで、インコに「これだけは守ってね」という人間の〝おねだり〟を伝えられます。また、しつけを覚えるために「がんばる」ことは、インコにとってよいストレスとなり、日々の物足りなさの緩和にもつながります。

【その3】体と心の成長を理解しよう

体だけでなく心も年をとるごとに成長する

インコの成長ステージは、大きくヒナ時代、若鳥時代、成鳥時代、老鳥時代の4つに分けることができます。野生下では、ヒナ時代には親鳥の庇護のもとで、きょうだいたちと過ごします。そして、自我が芽生えると、自分自身が親とは異なる生き物だと自覚し、「イヤイヤ」がはじまります。これが第一次反抗期。小型インコの場合は生後35日～5か月くらいの間、大型インコの場合は生後3～8か月の間にくると言われています。

反抗期はもう一度、思春期を迎えたころにやってきます。小型インコの場合は、生後8～10か月ごろ、大型インコの場合は生後1歳半～4歳ごろが目安。性成熟とともに、独立心が高まり、怒りっぽくなります。どちらの反抗期も、見守る姿勢が重要。かまいすぎず、突き放すこともなく、ほどよい距離でインコを見守りましょう。

また、若鳥のインコは好奇心おうせいで、知能もぐんぐん発達します。この時期に、いろいろな経験をさせましょう。成鳥時代は、発情（70ページ）に気をつけながら、適度な距離感を保って。老鳥時代は、おだやかでゆるりとした時間を過ごせるように、インコの体力に適した接し方を心がけてください。

4章

愛して いるんです、本当に

インコの
コミュニケーションの根底には
〝愛〟がいっぱいです。
インコの深い愛を理解してください。
13のおねだりを聞けば、
もっと絆が深まるから。

38
インコの愛

All You Need Is Love

10ページでもお伝えした通り、インコは基本的に、生涯でたった一羽のパートナーを決め、その相手を一生愛し続けます。そして、オス・メス共同で子育てを行います。**インコは、オスが、メスと同じくらいの愛情で、また同じくらいの作業量で子育てをする、とても珍しい生き物**なのです。

一途にパートナーを愛し、あふれんばかりの愛で子育てをする。インコの原点は、「親子の愛」です。それが、パートナーへの愛、家族への愛、群れの仲間への愛、好きなものへの愛、という風に広がっていきます。

そんな**インコの行動の基本は、すべてが「愛」ゆえ。**人間をマネて言葉を紡ぐのも、飼い主のほうを見て楽しそうに踊ったり歌ったりするのも、肩に乗ってやさしく口もとをついばんでくるのも、ケージをかじりながら大声で呼んでくるちょっと困った行動さえも、すべてが愛に起因しています。**インコとの絆を深めたいなら、まずはインコの深すぎる愛を理解することが大切**なのです。

39
インコの価値観

好きな子は自分で決めさせて

インコは、好きな人をしっかり順位づけします。その基準はインコ自身が決めることで、周囲が決められることではありません。そのため、「いちばんお世話をしているお母さんではなく、お父さんが愛されている」なんてことが起こりうるのです。インコのためにとお世話をしている人にとっては、少々残念ですが……。

ただ、インコに好かれるためのコツはあります。それは、インコにとって頼れる存在になることです。**インコが信頼していない人を愛することは、ありません。**この「信頼」は、単に警戒しなくてよい相手ではなく、「何かが起きたときに助けてくれる存在」ということです。

ここで、信頼されるためのテクニックをお教えしましょう。ひとつめは、声がけ。地震発生時や、近くを消防車が通ったときなど、インコが怖がっているときにすぐにかけつけて、「大丈夫だよ」と声をかけてみて。人が怖がっていないのがわかると、インコも安心できます。

もうひとつの裏技が、お出かけです。インコを連れて、ほかのおうちに行ってみましょう。見ず知らずの環境、人に囲まれている中、頼れるのは飼い主ひとり。その状況でやさしく声をかけておやつをあげれば、たちまちあなたに心を許してくれるはずです。

40
インコの嫉妬

邪魔する者は許さーんっ！

インコは、好きな相手を明確に順位づけします。そして、**愛すると決めた番《つがい》には、自分のこともいちばん大事にしてほしいと考える**のです。だから、パートナーがほかのインコや家族とばかり話していると、「なんで!?」って嫉妬でイライラしてしまうことがあります。

ちなみに、これがインコ同士の場合、嫉妬するのは自分より「下」だと認識している相手だけ。先住インコなど、目上の相手だと、「仕方ない……」と静観することが多いんです。

41
インコの
実力行使

はい、通りまーす！

嫉妬深いインコは、飼い主がスマートフォンやテレビに夢中になっていると、**かまってもらおうとして実力行使に出ます。**ピョンと飛び乗って飼い主の視界をふさいでしまうのです。そうすることで、「そんなの見てないで！」とわかりやすくアピールします。放鳥中は、インコとコミュニケーションをとる時間。インコも、放鳥であなたとふれ合うのを楽しみにしています。**〝ながら放鳥〟をせず、インコと向き合いましょう。**

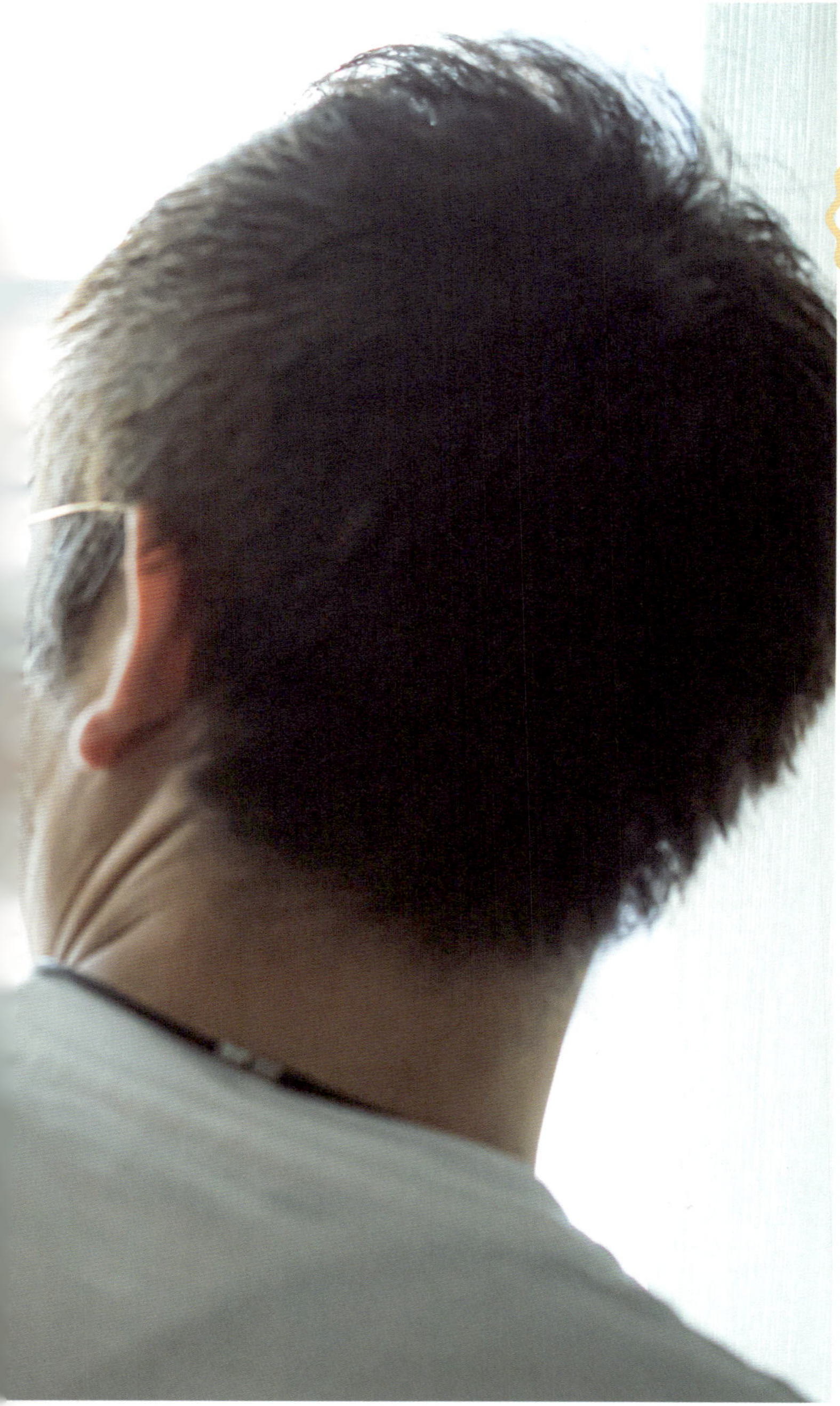

42
インコの居場所

どこに止まっている？

インコは、飼い主の体のいろいろなところに止まります。じつは止まっている場所によってインコの気持ちを推し量ることができるんです、代表的な3つの場所について紹介しましょう。

まずは、手。**人の手に止まるのは、「この人は嫌なことをしてくる人ではない」と認識している証拠。**怖がられていないと判断してよさそう。また、何かを期待している場合も、手に止まることが多いです。たとえば、「カキカキしてもらえるかな？」、「おやつがもらえるかな？」など、人の手が何かよいことを起こしてくれるんじゃないかと、待っています。

次に、頭に乗っているとき。これは、興味をもちつつも、まだちょっとその人のことを警戒しているサイン。**頭の上なら、いざというときもすぐ逃げられます**から。それから、インコは高い場所が好きだから（76ページ）というのもあります。

最後に、肩に止まるとき。これは、**その人に興味しんしんで、近くで見ていたいという気持ちです。**口もとに寄ってきているなら、あなたとおしゃべりがしたいのでしょう。ただ、揺れるピアスやネックレスに興味をもっているだけのこともあるので、インコの視線の先をよく確認してくださいね。

43

インコの呼び鳴き

来て！ 今すぐに!!

小型のインコでも、鳥種によってはかなり大きな声で鳴くことがあります。愛鳥が、高く大きな声で「ピーピーピーッ！」と鳴くのに困っている人も多いよう……。いわゆる**「呼び鳴き」は、名前の通り飼い主の関心を得るための鳴き方**です。大きい声を出されると、周囲への迷惑を気にしてかまわざるをえなくなってしまうので、なかなかやめさせるのが難しいのです。

やめさせたいなら、ノーリアクションの徹底、これに尽きます。**目線を送るだけでも反応したことになるので、その場からすぐに離れ、できれば家からも出てしまいましょう。**まずは、「その声で呼ばれてもわたしは行かないよ」と伝えることが大事です。そのうえで、「来てほしいときはこの声で呼んでね」という許容できる声を教えればいいのです。そのときは、まずは飼い主が口笛を吹くなどして正解の声を教え、インコが上手に呼べたときだけ反応するようにしましょう。

なお、コザクラインコやボタンインコなどのラブバード、ワカケホンセイインコ、大型インコ全般は、非常に声が大きいのが特徴。お迎えのときは、周囲に迷惑がかからないかなど、きちんとリサーチしてからにしましょう。

不思議なポーズ。見て見て！

インコがケージにぶら下がったり、オモチャに逆さ吊りになったりしているのを見ると、「何をしているの!?」とつい目を向けてしまいますよね。じつはそれがインコのねらい。**インコが変なポーズをとるのは、飼い主の気を引くためであるケースがほとんど**だからです。呼び鳴きをするのと同じ、存在アピールのひとつですね。せっかくポーズを決めてくれたのですから、呼び鳴きとは違い、めいっぱいかまいましょう！

45
インコの安心

シンクロしよっ

野生のインコにとって、群れの仲間とともに行動するのは、自分の命を守ることと同じです。群れの仲間との「和」を大切にし、自分だけが浮いてしまう状況を避けようとします。**群れからはぐれたインコはすぐにねらわれてしまいます**から……。

インコは仲間との行動をシンクロさせることで、群れにとけこみます。仲間がエサを食べていたら一緒に食べ、さえずりをはじめると自分も声を発します。掃除機の音などに反応して大声を出すのも、共有したいと思っての行動。インコと一緒の行動をすることが、信頼関係を築くいちばんの方法です。

46
インコのふれ合い

くっつきたい!!

インコはふれ合うことで絆を深める生き物です。そのため、インコ同士でも、人でも、**「好きな人にはくっついていたい!」と考えます。**放鳥したインコが飛びまわらず、そばにずっといるのならば、よほどあなたと一緒にいたいのでしょう。インコが幸せな時間を過ごせるよう、〝ながら放鳥〟をせず、しっかり向き合ってくださいね。

ただし、服の中に潜りこんでくる場合は、少々注意が必要です。インコは、「大好きな人とくっつきたい」、「洋服の中はあたたかくて気持ちいい」という気持ちで入ってくるのですが、頻繁になると、服の中を〝巣〟のように感じたり、ベタベタしたスキンシップをとりすぎたりして、発情の引き金になってしまうからです。また、飼い主が転んだりして、インコが大ケガをする可能性もあるので、許容しないようにしましょう。

なお、**仲のいいインコだと、四六時中一緒にいるペアも多いです。**なかでも、コザクラインコやボタンインコなどのラブバードにこの傾向が強く、ずっとふたりだけの世界に入りこみます。そのため、飼い主はどうしても蚊帳の外になりがち。「ラブラブな2羽を見るのが幸せ♡」という方以外は、覚悟してペアにしたほうがよいでしょう。

にぎころ～♡

人が軽くにぎった手の中に入り、お腹を見せてころりん。**「にぎころ」と呼ばれるこのポーズは、その場を100％安心な場所だと認識していて、飼い主を信頼しきっていなければすることはありません。**コザクラインコ、サザナミインコ、ウロコインコなどは、にぎころが得意な子が多いようです。

あこがれのにぎころですが、どんなになれてもしない子はしません。決して無理ににぎころの態勢をとらせることはしないでください。

48
インコのけんか

険悪な雰囲気、引きずらないで

インコは少々怒りっぽいところがあり、すぐにカッとして目を三角形にします。しかし、熱しやすく冷めやすい性格で、ムカムカしているのは一瞬のこと。怒りはほとんど持続せず、けんかをしたかと思った次の瞬間にもう冷めているなんてケースがほとんどです。

ただし、発情期で感情をコントロールできないインコの場合、自分の身やなわばりを守るために本気の大げんかをしてしまうことがあります。

49
インコの愛情交換

羽づくろい、してね

ペア同士のインコは、**お互いに羽づくろいをし合うことで、安心や愛情を感じます。**羽自体には触覚はないものの、羽毛にふれられると刺激が羽軸《うじく》を伝わって、快感を覚えるということがわかっています。

飼い主から行う場合は、「カキカキ」が羽づくろいの役割を担います。反対に、インコが髪をすいたりついばんだりしてくれるのは、大好きなあなたに羽づくろいをしているつもりです。

なかには、一方からのみしか羽づくろいをしないペアもいます。これは、羽づくろいをしている子が片思いをしている可能性が高く、されている子は飼い主さんがいちばん好きだったりと、ほかに愛する相手がいるのかもしれませんね。

ちなみに、イヌやネコも人になでられることを喜びますが、これは親になめられていた記憶を思い出すからで、「親子の愛」がルーツになります。しかしインコの場合、**羽づくろいはペア……つまり「夫婦の愛」がもとになります。なでられて発情が促されてしまうこともある**ので、注意しましょう。

50
インコとあなた

あふれんばかりの愛をあなたに

さて、「インコのおねだり」とともに、インコの本質や性質を語ってまいりましたが、それもいよいよラストです。ここまで読んできて、インコに対してどんな印象をもちましたか？

臆病なのに好奇心おうせいという二面性をもち、新しいものには興味をもたずにいられません。さびしがりで、ひとりきりは苦手。だれかと一緒に行動をとることに幸せを感じる健気さをもちながら、メリットを感じ

ればウソをついちゃうしたたかさもあります。愛情深くて、だからこそ嫉妬深くて……。

　イヌやネコは「人の役に立つから」飼育されるようになりました。ところがインコは、「役には立たないけどかわいいから」人とともに生きるようになったのです。それほど深い魅力をもつ生き物といえるでしょう。

　人とは違う体をもち、空を自由に飛びまわります。でも、**見た目も大きさもまったく違う人間に、深い深い愛を注いでくれる存在**です。50のおねだりを心に留めつつ、インコと末長く〝愛し合って〟ください。

INKO CHART

チャートで診断！

もしもインコとクラスメイトだったら？

愛鳥やお知り合いのインコが、もしもクラスメイトだったら？
インコのキャラクターを、チャートで診断しちゃいましょう！

← YES
← NO

ケージから
出ると
すぐに手に乗る

ケージに近づくと
こちらに
寄ってくる

なでられたり
にぎられたり
するのが好き

高いところへ
登っていることが
多い

嫌なことをされると
怒ったり
無視したりする

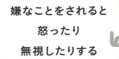

指示を出すと
すぐにケージに
戻れる

飼い主のあとを
ついてくることが
多い

ひとりで
遊ぶほうが
好きそう

わりと強めに
咬まれることが
ある

要求が通るまで
しつこく
鳴くことがある

ケージの外に
あまり
出たがらない

TYPE A

TYPE B

TYPE C

TYPE D

TYPE E

正直に
答えよう〜

診断結果をチェックしよう

インコがクラスメイトならこんなキャラに！？

A 先生にも一目おかれてる!? エリート優等生キャラ

ケージへの出入りは飼い主のタイミングでOK。こちらの要求にきっちり応えてくれるこのタイプは、飼育のしやすさナンバーワン！ 学校なら、先生にも頼られている、学年１位の秀才といったところ。だけど、あれもこれもと一方的にお願いしては、インコが疲れてしまうかも。インコの願いも叶えてあげましょう。

B ずっとあなたといたい♡ ベタベタ妹キャラ

いつ、どんなときでも大好きな人と一緒にいたい、離れたくない!! というこのタイプは、甘えんぼうな妹キャラといったところ。お昼休みも、トイレも、部活動も、進学先も全部一緒！ 行動の基準が「好きな人がどうしたいか」に尽きるタイプです。お留守番が苦手な子が多いので、甘やかしすぎには注意して。

C 今日は話したくないの
小悪魔モテモテキャラ

気分がのったときはこちらに寄ってくるけど、遊びたくないときには眼中になし！ 気分しだいでツンとデレを使い分けるこのタイプは、クラスメイトなら周囲を振りまわすモテモテな子かも。冷たくされたと思ったら、次の日にやさしい笑顔を向けられてキュン♡ 飼い主さんがツンデレを楽しめているなら、よいのですが。

D 世界の中心はオレだー！
オラオラガキ大将キャラ

やりたい放題、わがまま放題で、周囲の気持ちや状況に関係なく要求を通そうとするタイプです。学校にいるなら、取り巻きを引き連れたガキ大将といったところ。リーダーシップはありますが、ちょっとやりすぎ？ なわばり意識が強い子が多く、ヒートアップすると咬んだり叫んだりで手がつけられなくなるかも。

E わたしのことは放っておいて…
孤高のクールキャラ

このタイプの子は、まだ人間のことをパートナーだと思っておらず、自分の身のまわりの世話をするお世話係くらいに思っているみたい。さながら、クラスのイベントにも参加せず、教室のすみで難しい本を読むクールキャラといったところ。何度も話しかけて、根気強く関係性を築いていくしかありません。

この本では、ちょっぴりわがままなインコという生き物からの
「おねだり」というていで、インコの魅力を語ってまいりました。
いかがでしたでしょうか?

インコは、犬や猫など、ほかのどんな動物よりも、
感情を一生懸命伝えようとしてくれる生き物です。
初対面のインコでも、「遊ぼう!」「キミのこと教えて」
「ちょっと怖いから近づかないで」など、
さまざまな感情をふくませながら、「おねだり」してきます。
人とインコはちがう生き物ですが、インコの感情表現は
とてもストレートなので、しっかり観察すれば、
かならず気持ちは読みとれます。

さて、ここで紹介したのは、インコ全般からの「おねだり」です。
あなたのそばにいるインコには、
きっともっと言いたいこと、聞いてほしいことがあるでしょう。
インコの言葉に耳をかたむけてみましょう。
51番目、52番目の「おねだり」は、
信頼するあなただけに伝えてくれるはずです。

SPECIAL THANKS!

本書を制作するにあたり、多くのインコ&インコ飼い様にご協力いただきました。【敬称略、順不同】

ラムネ&デュー
@ramune0123

リララ&リルル
@_akipooh_

ゆら&ぽぃ
@ryoichisakai

イクラ&タラ
@yukariusagi

トローチ

ステラ
@stella.bluebird

アリ&リク&ピリ
blog https://ameblo.jp/nomadworld/

ニコ&ジューク
blog https://ameblo.jp/misty81/

珊瑚&紬
blog https://ameblo.jp/boriko5/

マル&福
blog http://kanmiq.blog.jp/

監修　磯崎哲也

愛玩動物飼養管理士一級。ヤマザキ動物専門学校非常勤講師、飼鳥情報センター代表。欧米の先進的な鳥類獣医学や、科学的飼養管理情報を収集・研究し、日本国内にその情報を普及させるべく尽力する。『インコ語レッスン帖』（大泉書店）など、多数の書籍の監修も行う。

STAFF

デザイン・DTP	細山田デザイン事務所（室田 潤、小野安世）
写真	木村文平
イラスト	ももろ
編集協力	株式会社スリーシーズン（朽木 彩） 小田島 香

インコのおねだり

2019年11月27日　初版発行

監修者	磯崎哲也
発行者	鈴木伸也
発行所	株式会社大泉書店 〒162-0805　東京都新宿区矢来町27 電話　03-3260-4001（代表） FAX　03-3260-4074 振替　00140-7-1742 URL　http://www.oizumishoten.co.jp/
印刷・製本	株式会社シナノ

ISBN978-4-278-03918-4 C0076